手 作 服 基 礎 班

手 作 服 基 礎 班

手 作 服 基 礎 班

手 作 服 基 礎 班

手作服基礎班：

口袋製作
基礎book

水野佳子

你是否根深蒂固地認為「縫製口袋好像很麻煩又很複雜」呢？而要縫製從正面就看得見的口袋，也難免會猶豫呢？本書利用附錄的原寸紙型，將製作基礎口袋的相關細節以圖片進行解說，清楚講解過程。

只要試著觀察製作好的口袋，比平常多花點心思，你就能享受縫製口袋的樂趣。如果能一邊理解作法，搭配實用性與設計來縫製口袋，一定能創作出屬於自己的作品，並且樂在其中！

C O N T E N T S

■ 代表布的正面

Set-On Pocket

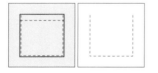

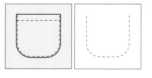

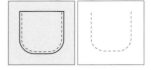

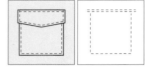

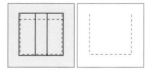

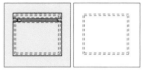

Set-In Pocket

口袋的位置與大小

|口袋的位置

口袋的位置會根據「口袋的設計」、「口袋的種類」而有所改變。

◎縫在腰圍線以下的口袋

依照身長比例，口袋是在腰圍線下5至10公分左右。口袋的位置太上面或太下面，都不容易將手插入，也很難從裡面拿取東西。因此在縫製時，要一邊考慮整件衣服的諧調，一邊將口袋接縫在容易使用的位置。

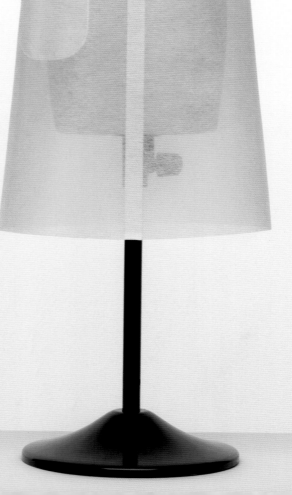

口袋的大小

口袋口的大小與口袋的深度會因「要放入的東西」、「接縫的位置」而改變。

◎縫在腰圍線以下的口袋

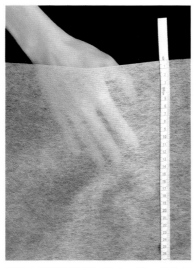

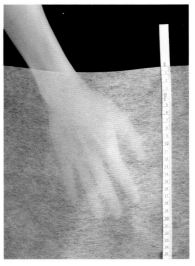

斜插式的口袋口大小約15公分左右。

口袋的深度約和袋口尺寸一樣，15公分左右最恰當。

褲子的脇邊線口袋的袋布要深一點，大約20公分，手部可以完全插入。

◎縫在腰圍線以上的口袋（如胸袋）

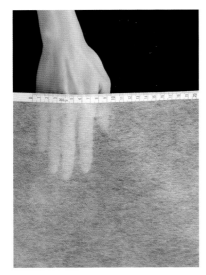

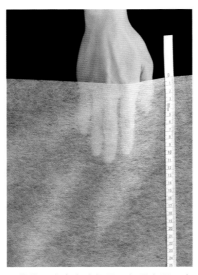

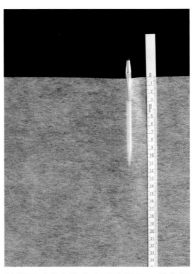

放不了太大的東西，口袋口約10至12公分。

口袋的深度也大致相同。如果太深，會很難從裡面拿出東西。

最好再以手之外的東西來測量口袋的深度，例如以筆作為基準。

各式各樣的口袋設計

貼式口袋

蓋式口袋

立式口袋

脇邊線口袋

滾邊口袋

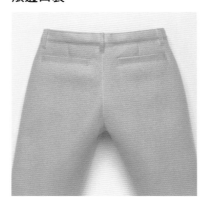

側口袋

Set-On Pocket

Set-On就是「縫在表面」的意思，

不剪牙口，在表布另外縫上袋布的種類，

就是「貼式口袋」。

貼式口袋

有裡布的貼式口袋

附袋蓋貼式口袋

褶飾口袋A

褶飾口袋B

接襠布式口袋

附拉鍊貼式口袋

貼式口袋

7

貼式口袋

最簡單且牢固的口袋。由於在衣身上很明顯,所以兼具實用與裝飾的功能。

口袋底:直角

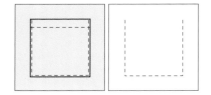

原寸紙型①
除了特別註明之外,縫份一律1公分。

1 裁剪。口袋口的縫份進行拷克或Z字形車縫。

2 口袋口沿完成線摺疊,進行車縫。

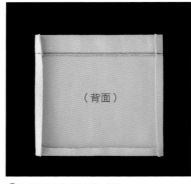

3 以熨斗燙摺出完成線。

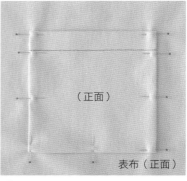

4 以珠針固定在口袋接縫位置上。

5 以邊機縫車縫固定口袋。圖示為完成圖(正面)。

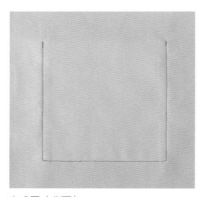

完成圖(背面)。

口袋底：圓角

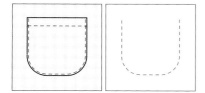

原寸紙型②
除了特別註明之外，縫份一律1公分。

縫份2.5

②

（背面）

1 裁剪。口袋口的縫份進行拷克或Z字形車縫，摺出完成線後車縫。

（正面）

2 口袋底的弧形縫份進行縮縫。

（背面）

厚紙板

3 厚紙板（厚度如明信片）裁成完成尺寸墊在裡面。

4 抽拉縮縫的線，作出圓弧形。

5 以熨斗整燙。

（背面）

6 以熨斗燙摺出完成線。

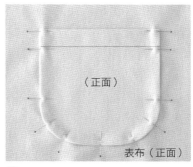

（正面）

表布（正面）

7 以珠針固定在口袋接縫位置上。

8 以邊機縫車縫固定口袋。圖示為完成圖（正面）。

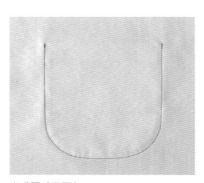

完成圖（背面）。

[處理口袋口]

除了P.8‧P.9的摺疊車縫之外的作法。
依布料的厚度與設計，配合車縫的寬度來處理縫份。不想車縫時，就以手縫繚縫。

●三摺邊車縫A

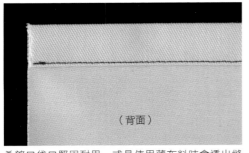
（背面）

希望口袋口堅固耐用，或是使用薄布料時會透出縫份痕跡，就要進行三摺邊車縫，這種車縫法也兼具補強作用。

●三摺邊車縫B

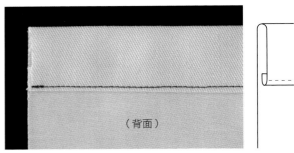
（背面）

希望車縫寬度較寬時使用。

●轉角回針縫後摺疊車縫

先在口袋的轉角進行回針縫，縫份就不會從口袋口外露，完成後會很漂亮。

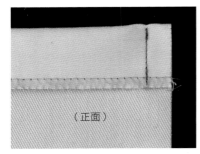
（正面）

1 口袋口縫份沿完成線摺向正面，轉角處進行車縫。

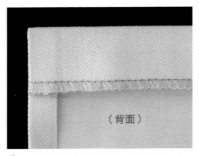
（背面）

2 將轉角處翻回正面，口袋口以熨斗沿完成線整燙。

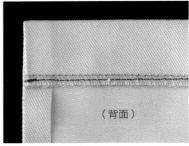
（背面）

3 進行車縫。

邊機縫（壓縫）有0.1、0.15、0.2公分的差異

由於會有出乎意料之外的0.05、0.1公分的落差，依布料或設計在細節上作不同的變化也很有趣。

0.1　0.15　0.2

原寸大小

[車縫轉角]

車縫轉角除了補強的功用,也可呈現設計感。挑選縫線的配色也很有趣。

●一般車縫（邊機縫）

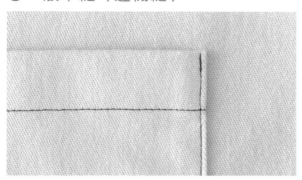

這是最簡單的車縫法。依布料的厚度或設計,改變車縫時的寬度。縫份穩定地車上邊線。

要小心處理轉角的縫份,不讓它露出口袋口外,完成時就會很漂亮。

口袋口

●三角車縫

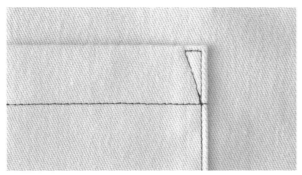

經常可在襯衫胸袋上見到的車縫法,最適合用於薄布料。比一般車縫更有補強口袋口的作用。

●直角車縫

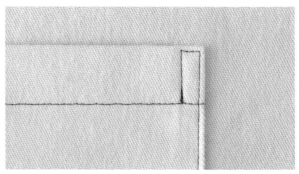

希望更強化口袋口的耐用度時使用。即使重覆車縫兩、三次也無妨。

●雙線車縫

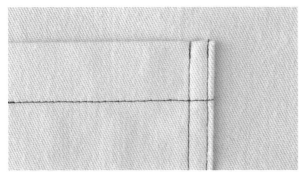

可以補強整個口袋的車縫法。經常用於褲子或戶外休閒服等的口袋。

●雙線車縫＋鉚釘等配件

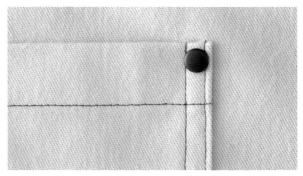

光車縫還是不夠堅固耐用時使用。適合休閒褲或以厚布料製作的衣物,也兼具裝飾功能。

有裡布的貼式口袋

不放心只以表布在羊毛、薄布料等上面
縫製口袋時，就要加上裡布。

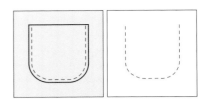

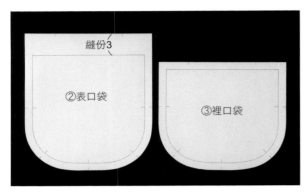

原寸紙型②＋③
除了特別註明之外，縫份一律1公分。

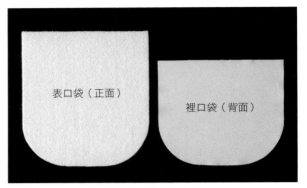

1 裁剪。裡口袋使用裡布或軋光斜紋棉布。

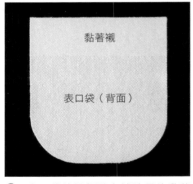

2 表口袋的裡面貼上補強用的黏著襯。表布的口袋口裡面也貼上力布（參考P.13的完成圖背面）。

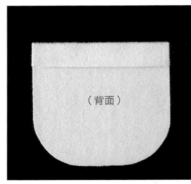

3 沿完成線摺疊。

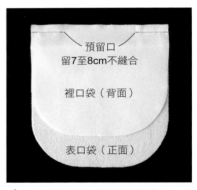

4 表口袋與裡口袋正面相對疊合，留下預留口後進行車縫。

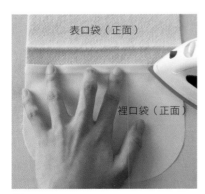

5 縫份倒向裡口袋。

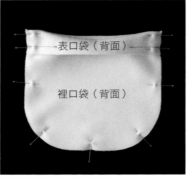

6 口袋口正面相對摺疊，以珠針固定周圍。

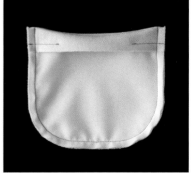

7 車縫。距離完成線0.1至0.2公分處縫合縫份。

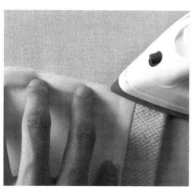

8 從預留口將口袋翻回正面，將內口袋稍往內縮後以熨斗整燙。

9 縫合後的樣子。

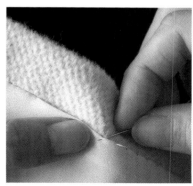

10 預留口進行繚縫。

11 以珠針固定在口袋位置上，進行車縫。

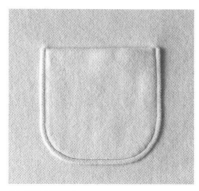

完成圖（正面）。

完成圖（背面）。

以牙籤代替錐子

布料很薄或是以錐子
固定覺得不牢靠時，
也可以牙籤代替。

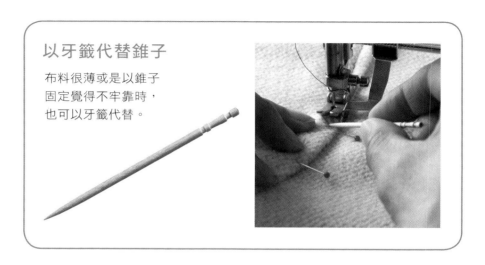

附袋蓋貼式口袋

袋蓋就是覆蓋口袋口的蓋子，也稱為遮雨片。
為遮住口袋口，口袋蓋的寬度要比口袋口稍寬一些。

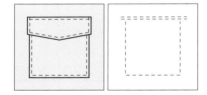

●貼式口袋的縫法，參考P.8至P.11

④袋蓋

縫份2.5

①

原寸紙型①＋④，除了特別註明之外，
縫份一律1公分。

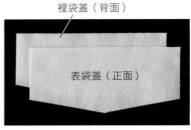

裡袋蓋（背面）

表袋蓋（正面）

1 裁剪表、裡袋蓋。布料很薄時，在表袋蓋反面貼黏著襯。

（背面）

2 正面相對疊合，縫合周圍。

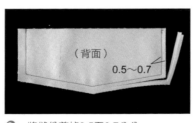

（背面）

0.5～0.7

3 將縫份剪掉0.5至0.7公分。

（正面）

4 翻回正面，以熨斗整燙後進行車縫。

裡袋蓋（正面）

（正面）

表布（正面）

5 正面相對疊合在袋蓋位置上，以珠針固定。

1.5～2

6 縫合。袋蓋的位置是距離口袋口1.5至2公分處。如果縫得太靠近，手會很難伸入。

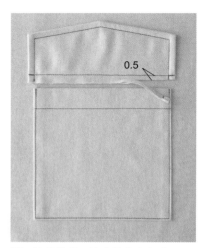

0.5

7 修剪縫份，比車縫的寬度（0.7公分）再小一點。

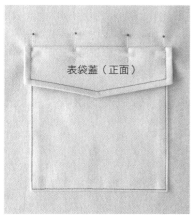

8 袋蓋沿完成線摺疊，以珠針固定。

9 進行車縫。完成圖（正面）。

完成圖（背面）。

車縫時注意，不要露出縫份的部分。

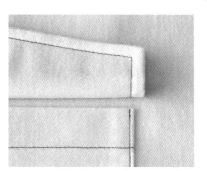

由於袋蓋的縫份是收在車縫線範圍內，所以看不見。

●不修剪縫份的作法

布料很薄或希望車縫寬度不寬時使用。先處理好布邊，就可以不修剪縫份進行車縫。

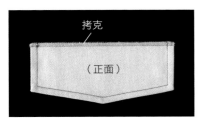

步驟**4**之後，縫份進行拷克或Z字形車縫。

完成圖。

如果事先處理，就不必擔心綻線的問題。

褶飾口袋 A

褶線在裡面靠攏在一起，
縫製出箱形褶（box pleats）的口袋。

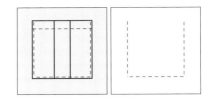

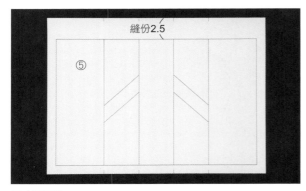

原寸紙型⑤
除了特別註明之外，縫份一律1公分。

1 裁剪。

2 將口袋口的襞褶摺到預定車縫的位置，縫合底部的縫份。

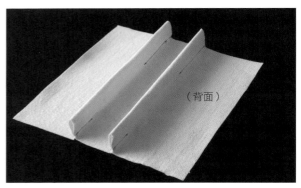

3 另一邊也同樣縫合。

4 將襞褶的褶線倒向中心，周圍的縫份進行拷克或Z字形車縫。

正面圖。

5 口袋口沿完成線摺疊，進行車縫。

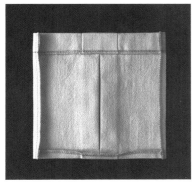

6 周圍的縫份沿完成線摺疊。

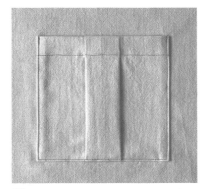

7 車縫固定在口袋位置上。完成圖（正面）。

完成圖（背面）。

有花紋的布料

●花紋呈同一方向，會給人清爽的感覺

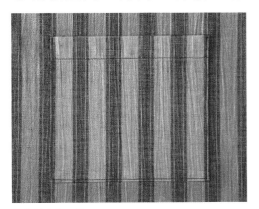

條紋對齊的口袋。

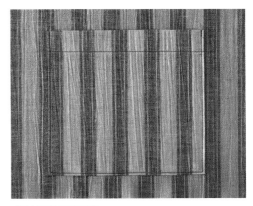

條紋沒對齊的口袋。

●條紋、格紋等花紋也是設計的要素

口袋以斜布紋裁剪。

褶飾口袋 B

褶線在表面靠攏在一起，
縫製出與箱形褶相反的內箱形褶（inverted pleats）的口袋。

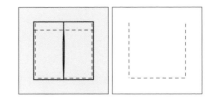

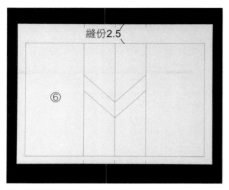

原寸紙型⑥
除了特別註明之外，縫份一律1公分。

1 裁剪。

2 將口袋口的縫褶摺到
預定車縫的位置，縫
合底部的縫份。

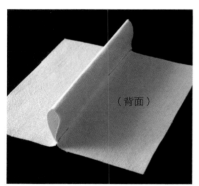

3 縫合的樣子。

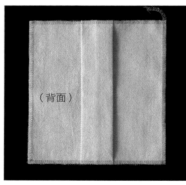

4 整燙縫褶，周圍的縫份進行拷克或Z
字形車縫。

正面圖。

5 口袋口沿完成線摺疊，進行車縫。
底部與兩脇邊的縫份也沿完成線摺
疊。

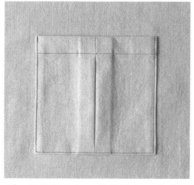

6 車縫固定在口袋位置上。完成圖
（正面）。

完成圖（背面）。

接襠布式口袋

加上襠布讓口袋更立體。
由於口袋的容量增加，很適合縫在戶外休閒服上。

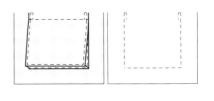

｜風箱形口袋

縫合部分布料，作出立體的口袋。

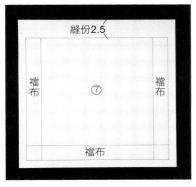

原寸紙型⑦
除了特別註明之外，縫份一律1公分。

1 裁剪。口袋口的縫份進行拷克或Z字形車縫。

2 口袋口沿完成線摺疊後車縫，底部和兩脇邊也沿完成線摺疊。

3 對準底部褶痕，正面相對摺疊，以珠針固定。

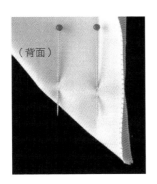

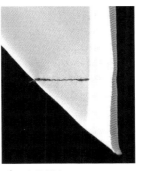

4 車縫襠布。

5 縫份剪成1公分。

6 燙開縫份。

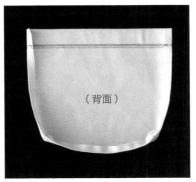

7 兩邊襠布縫合。

8 為作出硬挺的布邊，進行邊機縫。

褶飾口袋B

接襠布式口袋

9 邊機縫完成。

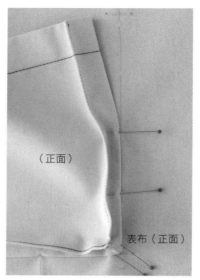

（正面）

表布（正面）

10 疊合在口袋位置上，以珠針固定。

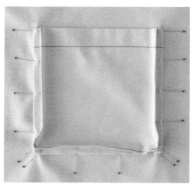

11 整個口袋以珠針固定。

12 車縫固定。

13 摺疊口袋口邊角，以車縫線固定住。完成圖（正面）。

從底部斜看襠布部分。

如果口袋邊緣不作邊機縫，
成品就會如右圖般蓬鬆柔軟。

接襠布式口袋

拼接襠布作出有立體感的口袋。

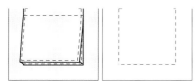

原寸紙型①+⑧
除了特別註明之外，縫份一律1公分。

圖中標示：縫份2.5、①、⑧襠布

1 裁剪。口袋口的縫份進行拷克或Z字形車縫。

2 口袋口沿完成線摺疊後車縫，將襠布一邊沿完成線摺疊。

3 在襠布轉角處剪牙口，正面相對縫合。

4 襠布縫合後的狀態。

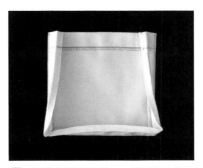

5 將襠布翻回正面，口袋邊緣進行邊機縫。

轉角處放大圖。

正面圖。

6 車縫固定在口袋位置上，摺疊口袋口的兩端後於上方車縫。完成圖（正面）。

從底部斜看襠布部分。

附拉鍊貼式口袋

口袋口加裝拉鍊開合的口袋。

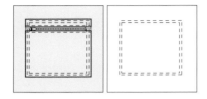

原寸紙型⑨+⑩
除了特別註明之外，縫份一律1公分。

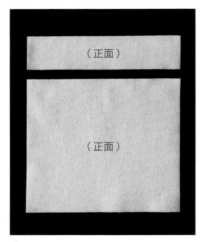

1 裁剪。

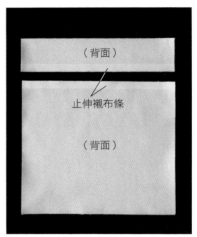

（背面）

（正面）

止伸襯布條

（背面）

2 在加裝拉鍊處的縫份上貼止伸襯布條。

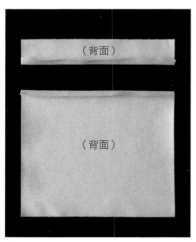

（背面）

（背面）

3 沿完成線摺疊。

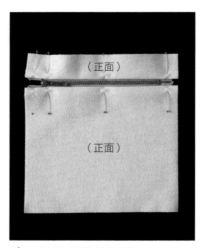

（正面）

（正面）

4 以珠針固定拉鍊與口袋。

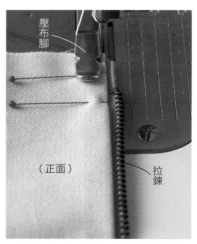

壓布腳

（正面）

拉鍊

5 以壓布腳壓住布邊後車縫固定拉鍊。

裝上拉鍊時,以拉鍊上的織紋線為準,會比較容易進行車縫。

織紋線

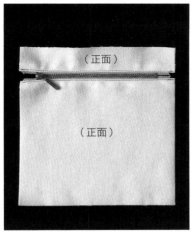

（正面）

（正面）

6 上下皆縫上拉鍊的狀態。

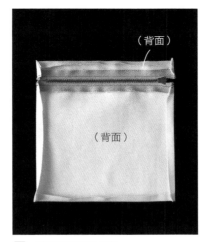

（背面）

（背面）

7 沿完成線周邊摺疊。

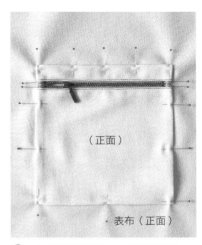

（正面）

表布（正面）

8 疊合在口袋位置上,以珠針固定。

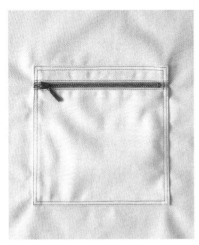

9 車縫固定。以雙線車縫,兼具補強拉鍊兩端的作用。完成圖（正面）。

完成圖（背面）。

看不見車縫線的貼式口袋

不想讓人看到車縫線時，就要在口袋上隱藏縫份的縫線。
如果也想隱藏口袋口的車縫線時，可進行繚縫。
袋底車直角、圓角都不容易，所以不適用於小型的口袋。

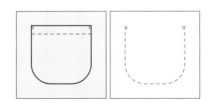

無裡布

以一片布進行隱藏車縫線的車縫固定。

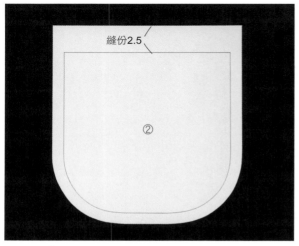

原寸紙型②
除了特別註明之外，縫份一律1公分。

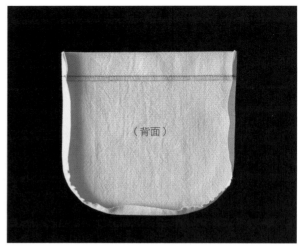

1 參考P.9步驟**1**至**6**製作口袋。

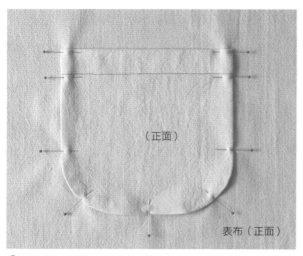

2 疊合在口袋位置上，以珠針固定。

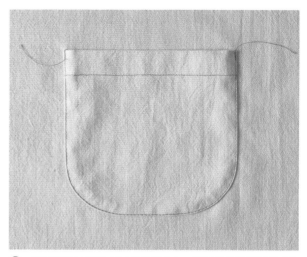

3 盡可能靠口袋邊（0.1公分左右），以粗針目車縫固定（此時上線張力調鬆）。

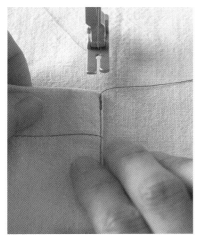

4 從口袋的內側以縫紉機車縫固定。

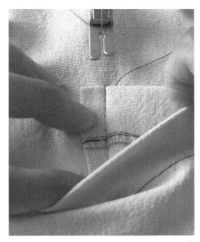

如果翻開口袋的內側,可以看見步驟3縫好的線是點狀的。

在步驟3縫線旁的縫份位置車縫脇邊。

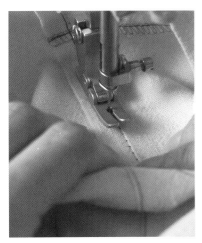

慢慢往內推進車縫。

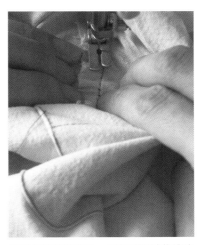

特別是圓弧的部分,要更緩慢地推進車縫。

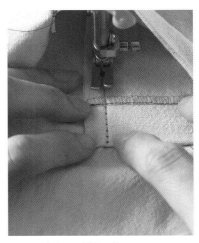

轉彎車縫到另一側的口袋口。

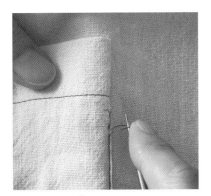

5 拆掉步驟3的縫線。

6 以蒸氣熨斗輕輕整燙,再於口袋兩端補強車縫。完成圖(正面)。

完成圖(背面)。

有裡布

隱藏車縫線的有裡布貼式口袋。
完成後給人很正式的感覺。

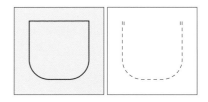

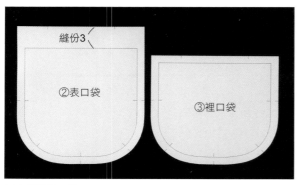

原寸紙型②+③
除了特別註明之外，縫份一律1公分。

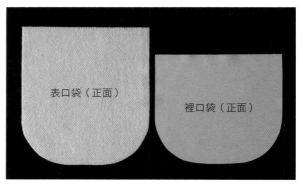

1 裁剪。

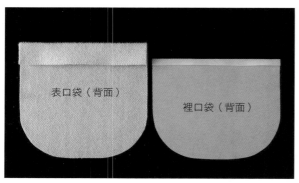

2 在表口袋口背面貼黏著襯（參考P.12步驟**2**），沿完成線摺疊。裡口袋摺疊縫份（1公分）。

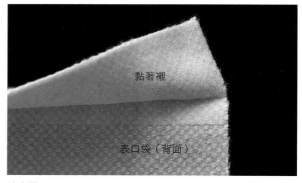

放大圖。

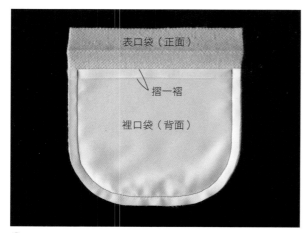

3 表口袋與裡口袋正面相對疊合，縫合周圍。車縫距完成線0.1至0.2公分的縫份處。

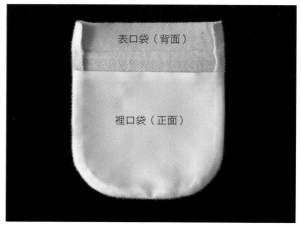

4 翻回正面，以熨斗整燙。將裡口袋稍往內縮，以免從正面看見裡布。

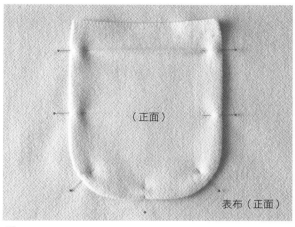

（正面）

表布（正面）

5 在表口袋口背面貼力布（參考P.28完成圖背面），口袋口的縫份不處理布邊，以珠針固定在口袋位置上。

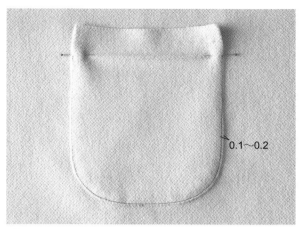

0.1〜0.2

6 從口袋口一端，以粗針目車縫到另一端。此時上線張力要調鬆一點。

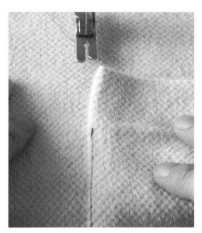

7 從口袋的內側以縫紉機進行車縫固定。

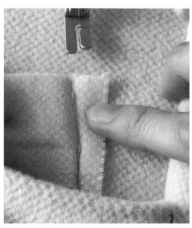

如果翻開口袋的內側，可以看見步驟**6**的縫線是點狀的。

在步驟**6**縫線旁的縫份位置車縫脇邊。

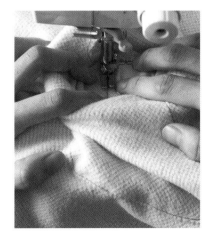

慢慢往內推進車縫。

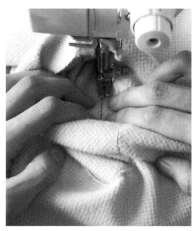

特別是圓弧的部分，要更緩慢地推進車縫。

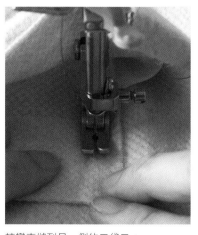

轉彎車縫到另一側的口袋口。

看 不 見 車 縫 線 的 貼 式 口 袋　　**27**

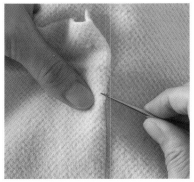

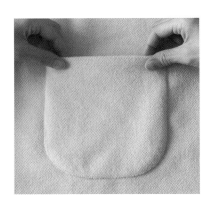

8 拆掉步驟 **6** 的縫線。

9 將口袋口縫份往內摺。

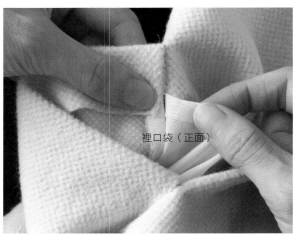

裡口袋（正面）

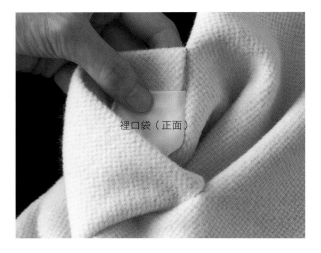

裡口袋（正面）

10 口袋口縫份以裡布蓋住隱藏起來。

裡口袋（正面）

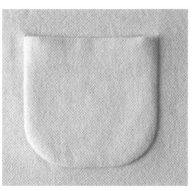

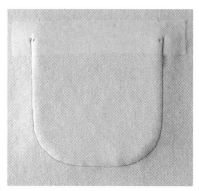

11 裡口袋以繚縫縫合。

12 以蒸氣熨斗輕輕整燙，再從口袋兩端的背面進行補強用的星止縫（參閱P.63）。完成圖（正面）。

完成圖（背面）。

Set-In Pocket

「Set In」是「嵌入」、「縫入」的意思，
剪牙口後在裡面加裝口袋，即「切開式口袋」的總稱。

脇邊線口袋

利用脇邊製作，是從表面看不見的口袋。

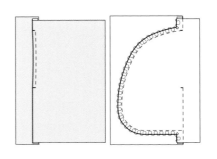

連裁袋布

由於表布與袋布連裁，所以要注意布料的尺寸是否足夠。
布料不夠時，就要接縫袋布（參閱P.32）。

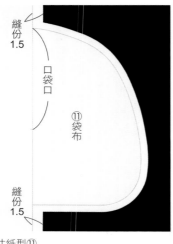

原寸紙型⑪
除了特別註明之外，縫份一律1公分。

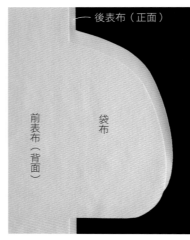

1 裁剪。

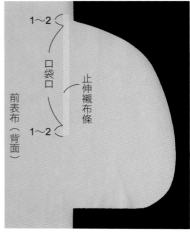

2 在前側口袋口背面貼止伸襯布條。

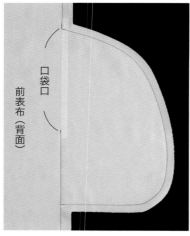

3 前後表布正面相對疊合後車縫，口袋也一起車縫，只留下袋口不縫。

●縫份進行拷克或Z字形車縫

4 處理縫份。以Z字形車縫處理時，要剪一點牙口，以便轉角處進行車縫（如果使用拷克機，就不必剪牙口）。

從牙口稍微拉開。

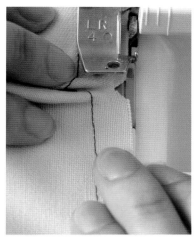

將牙口拉開呈直線，就可以順暢地進行Z字形車縫。

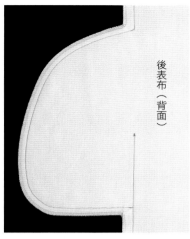

5　處理好縫份。

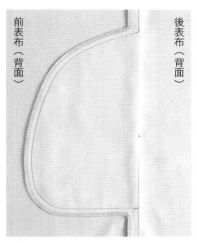

6　將縫份與袋布倒向前側。

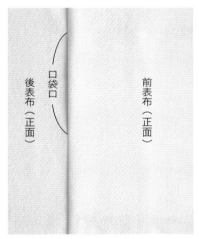

正面圖。

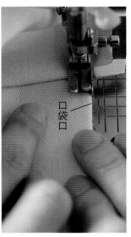

7　從前側的口袋口內側進行車縫。

8　口袋口完成車縫的樣子。

9　在口袋口兩端的車縫寬度內，進行3至4次的回針縫作補強。完成圖（正面）。

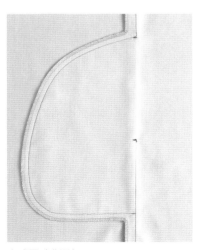

完成圖（背面）。

接縫袋布

將袋布與表布分別裁剪。從口袋口看得見的一側（外側袋布）是使用兼具貼邊作用的表布，而隱藏起來看不見的一側（內側袋布）則可用軋光斜紋棉布或裡布。

◎縫份倒向單側的作法

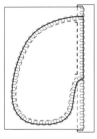

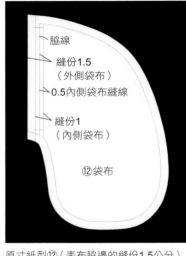

脇線
縫份1.5
（外側袋布）
0.5內側袋布縫線
縫份1
（內側袋布）
⑫袋布

原寸紙型⑫（表布脇邊的縫份1.5公分）
除了特別註明之外，縫份一律1公分。

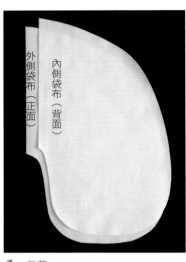

外側袋布（正面）　內側袋布（背面）

1 裁剪。

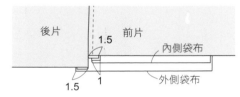

後片　1.5　前片　內側袋布
1.5　1　外側袋布

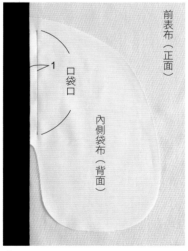

前表布（正面）
1　口袋口
內側袋布（背面）

2 前表布的口袋口反面貼止伸襯布條，與內側袋布正面相對疊合，對齊布邊後車縫1公分處。

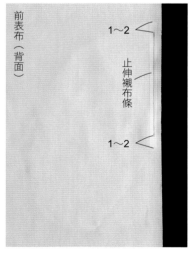

前表布（背面）
1～2
止伸襯布條
1～2

背面圖。

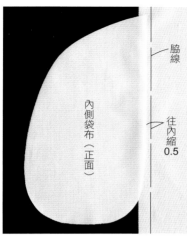

脇線

往內縮 0.5

內側袋布（正面）

3 縫份倒向袋布側。

後表布（正面）

1.5

外側袋布（背面）

4 外側袋布與後表布口袋口正面相對
疊合後，進行車縫。

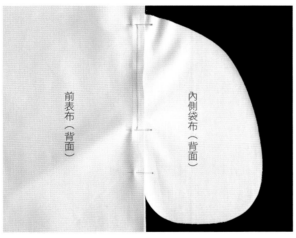

前表布（背面）

內側袋布（背面）

5 前後表布的口袋位置正面相對疊合，以珠針固定。

後表布（正面）

外側袋布（背面）

前表布（正面）

正面圖。袋布像未夾入似地掛著。

前表布（背面）

內側袋布（背面）

6 縫合前後表布的脇邊（口袋口不縫
合）。

前表布（背面）

後表布（背面）

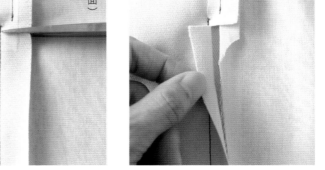

前表布（背面）

後表布（背面）

7 只在前表布縫份的口袋口止縫處下約0.5公分處剪牙口。注意不要剪到袋布。

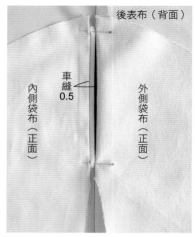

後表布（背面）

車縫 0.5

內側袋布（正面）　　外側袋布（正面）

8 外側袋布從裡面拉出，前表布口袋口的縫份沿完成線摺疊，進行車縫。

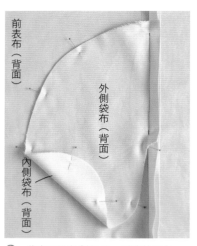

前表布（背面）

外側袋布（背面）

內側袋布（背面）

9 袋布正面相對疊合，以珠針固定。

內側袋布（背面）

10 車縫袋布周圍。

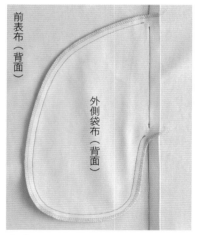

前表布（背面）

外側袋布（背面）

11 袋布的縫份進行拷克或Z字形車縫。

後表布（背面）

內側袋布（背面）

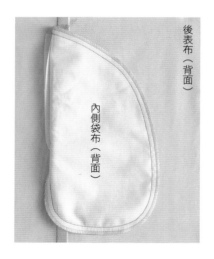

處理縫份

12 表布縫份與袋布口袋口縫份也進行拷克或Z字形車縫。從正面在口袋口兩端車縫範圍內進行3至4次回針縫補強。完成圖（背面）。

完成圖（正面）。

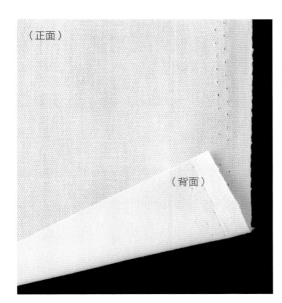

（正面）

（背面）

軋光斜紋棉布（sleek）

具光澤的絲棉混紡布或平織布，通常用來
作「口袋布」等。比銅氨絲、聚酯纖維材
質的裡布要更堅固耐用且容易處理。

●人字紋棉布

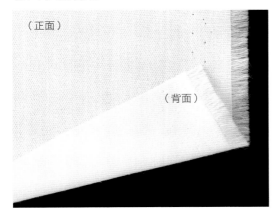

（正面）

（背面）

●法式絲棉混紡布

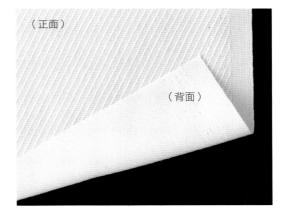

（正面）

（背面）

●條紋棉布

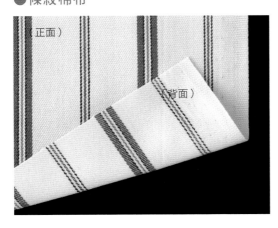

（正面）

（背面）

●刷毛棉布

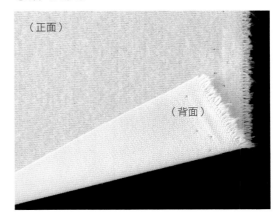

（正面）

（背面）

◎燙開縫份的作法

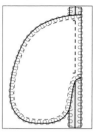

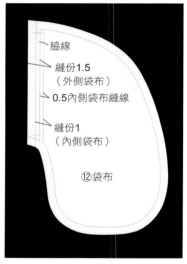

脇線
縫份1.5
（外側袋布）
0.5內側袋布縫線
縫份1
（內側袋布）
⑫袋布

原寸紙型⑫（表布脇邊的縫份1.5公分）
除了特別註明之外，縫份一律1公分。

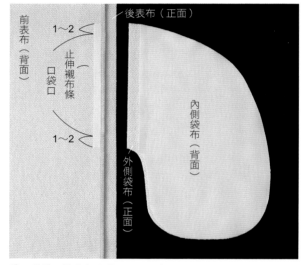

前表布（背面）
後表布（正面）
1〜2
止伸襯布條
口袋口
1〜2
內側袋布（背面）
外側袋布（正面）

1 裁剪。前表布的縫份進行拷克或Z字形車縫。在口袋口背面
貼止伸襯布條。

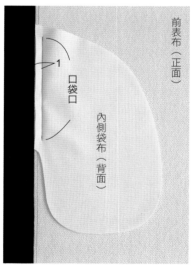

前表布（正面）
1
口袋口
內側袋布（背面）

2 前表布與內側袋布正面相對疊合，
對齊布邊後車縫1公分處。

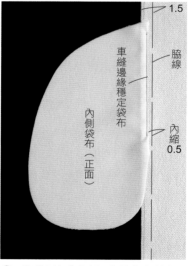

1.5
脇線
車縫邊緣穩定袋布
內側袋布（正面）
內縮0.5

3 縫份倒向袋布側。為讓袋布穩定，
也可先車縫袋口處。

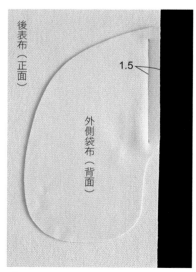

後表布（正面）
1.5
外側袋布（背面）

4 外側袋布與後表布口袋口正面相對
疊合後，進行車縫。

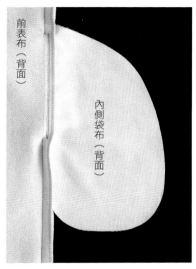

5 縫合前後表布的脇邊（口袋口不縫合）。注意不要縫到袋布。

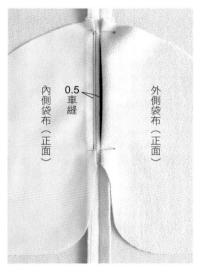

6 前表布口袋口的縫份沿完成線摺疊，進行車縫。

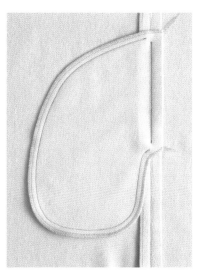

7 燙開表布的縫份，內、外側袋布正面相對疊合，周圍的縫份進行拷克或Z字形車縫。

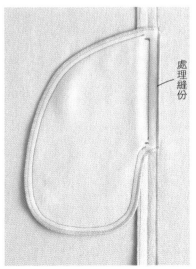

8 後表布與袋布口袋口的縫份也進行拷克或Z字形車縫。從正面在口袋口兩端車縫線範圍內進行3至4次回針縫補強。完成圖（背面）。

完成圖（正面）。

切開式口袋

剪牙口所製作的口袋。由於從口袋口可看見袋布，所以那一側的袋布要使用和表布相同的布，也可使用別的布作設計上的變化。

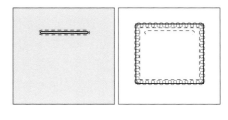

原寸紙型⑬
縫份為1公分。

1 裁剪。

力布

2 表布口袋口的背面貼上補強用的力布。

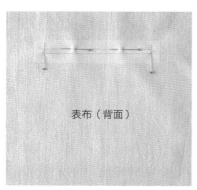

表布（背面）

3 袋布與表布口袋口正面相對疊合，並以珠針固定。

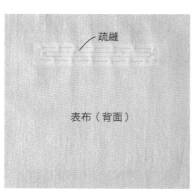

疏縫

表布（背面）

4 以疏縫固定，以免錯位。

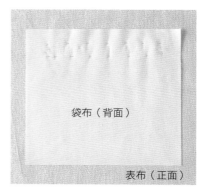

袋布（背面）

表布（正面）

正面圖。

表布（背面）

5 以細密的針目縫合口袋口。

袋布（背面）

表布（正面）

6 剪牙口。盡量剪到貼近兩端的位置，但小心不要剪到縫線。

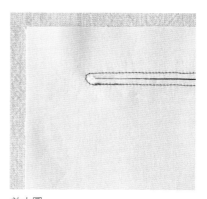

放大圖。

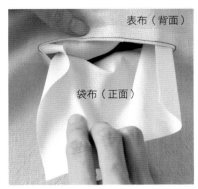

表布（背面）

袋布（正面）

7 將袋布拉到裡面。

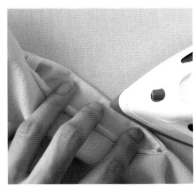

8 以熨斗整燙口袋口。

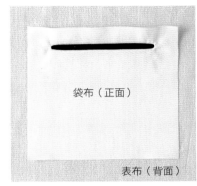

袋布（正面）

表布（背面）

9 讓袋布變平整。

上側不車縫

表布（正面）

10 車縫口袋口下側半圈。

放大圖。

（正面）

袋布（背面）

表布（背面）

11 另一片袋布正面相對疊合後，以珠針固定。

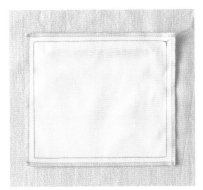

12 縫合袋布的周圍，縫份進行拷克或Z字形車縫。

13 車縫口袋口上側，連同袋布一起縫合。兩端進行3至4次的回針縫補強。完成圖（正面）。

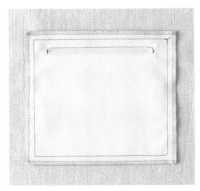

完成圖（背面）。

由於是剪牙口製作而成的口袋，所以將想要的口袋線條加裝在喜歡的位置上。
從正面可看見細微的袋布顏色變化，改變袋布的形狀也是一種設計的樂趣。

●以條紋布製作斜的切開式口袋

袋布是同材質的深色素色布，並運用條紋布作滾邊來處理袋布縫份。

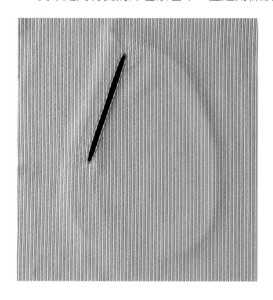
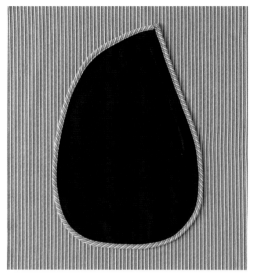

●配合圓點布設計作出圓的切開式口袋

為讓袋口穩定，加裝暗釦和裝飾用鈕釦。袋布的形狀也作成圓形。

以上介紹的切開式口袋僅供參考，無原寸紙型。

附拉鍊切開式口袋

這是在切開線上加裝拉鍊的口袋。
此處說明的是將一片袋布車縫固定在表布上的作法。
不想在正面看到車縫線時，
就要和P.38切開式口袋一樣，以兩片袋布來製作。

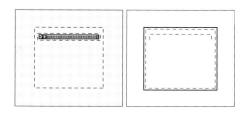

⑭貼邊

⑮袋布

原寸紙型⑭＋⑮
縫份為1公分。

貼邊（正面）

袋布（正面）

1 裁剪。貼邊的周圍進行拷克或Z字形車縫。

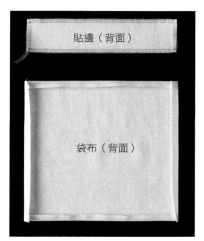

貼邊（背面）

袋布（背面）

2 袋布的周邊沿完成線摺疊。

力布

表布（背面）

3 在表布的口袋口背面貼上補強用的力布。

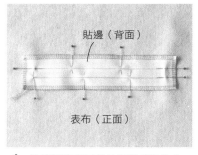

貼邊（背面）

表布（正面）

4 貼邊與表布口袋口正面相對疊合，以珠針固定。

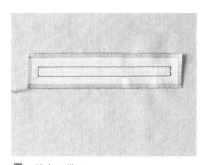

5 縫合口袋口。

表布（背面）

背面圖。

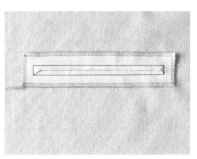

6 剪Y字形牙口。

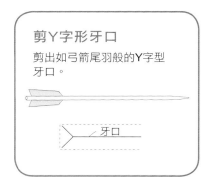

剪Y字形牙口

剪出如弓箭尾羽般的Y字型牙口。

牙口

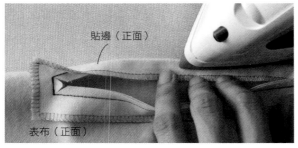

7 從開口處將貼邊往裡面翻，以熨斗整燙口袋口。

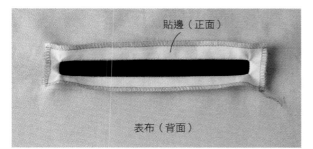

背面圖。

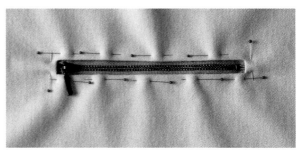

8 拉鍊貼放在口袋口上，以珠針固定。

9 車縫固定下側，上側則以疏縫暫時固定。

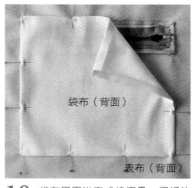

10 袋布周圍沿完成線摺疊。摺好的袋布疊合在表布背面上，以珠針固定。

11 車縫袋布周圍。

正面圖。

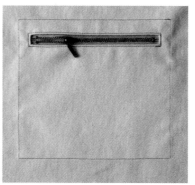

12 從正面車縫口袋口上側與兩端，連同袋布一起縫合。兩端進行3至4次的回針縫補強。完成圖（正面）。

完成圖（背面）。

雙滾邊口袋

剪牙口後，開口兩側都作滾邊的口袋。
所謂的滾邊就是指包邊。

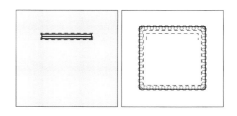

連裁袋口布（縫份倒向單側、滾邊有車縫線）

袋布與袋口布進行連裁，並製作雙滾邊。

原寸紙型⑯＋⑰
縫份為1公分。

1 裁剪。由於內側袋布連著袋口布，
所以兩片袋布都要使用表布。

2 在表布口袋口背面貼補強用的力布。

3 內側袋布與表布口袋口正面相對疊合，以珠針固定。

背面圖。

4 口袋口周邊以疏縫固定。

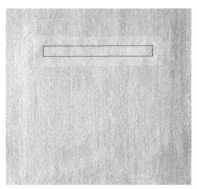

5 以細密的針目縫合口袋口。

正面圖。

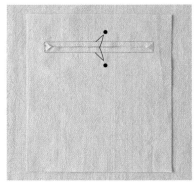

6 剪Y字形牙口。牙口要剪在正中央，牙口至車縫線的距離兩邊要相等。

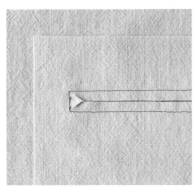

放大圖。

內側袋布（背面）

表布（正面）

7 從牙口將袋布往裡面拉出。

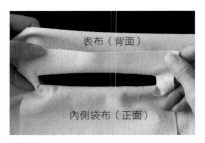

表布（背面）

內側袋布（正面）

背面圖。

8 以熨斗整燙口袋口。

表布（背面）

內側袋布（正面）

從背面看的樣子。

內側袋布（背面）

內側袋布（正面）

9 口袋上側的縫份倒向表布側。

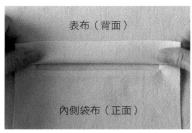

表布（背面）

內側袋布（正面）

10 反摺袋布後調整滾邊。

表布（正面）

整理滾邊的大小。

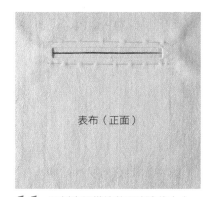

表布（正面）

11 下側也同樣地整理滾邊的大小，然後以疏縫固定上下側。

內側袋布（正面）

表布（背面）

背面圖。

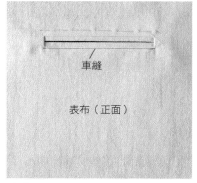

車縫

表布（正面）

12 車縫下側的口袋口。

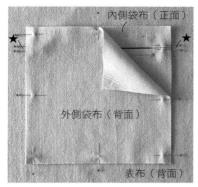

13 兩片袋布正面相對疊合，以珠針固定。★注意不要拉到已摺成滾邊的布端。

內側袋布（正面）
外側袋布（背面）
表布（背面）

14 縫合袋布的周圍，縫份進行拷克或Z字形車縫。

15 從正面車縫口袋口上側與兩端，連同袋布一起縫合。兩端進行3至4次的回針縫補強。完成圖（正面）。

表布（正面）

放大圖。

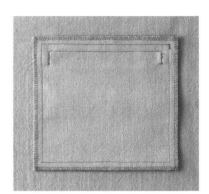

完成圖（背面）。

以斜布條作滾邊口袋的袋口布

使用條紋布時，只要改變布料的紋路就有不同的設計感。

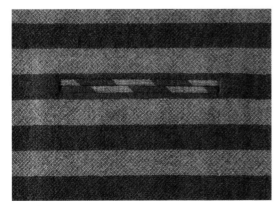

雙滾邊口袋

單滾邊口袋

另行裁剪的袋口布（燙開縫份、無車縫線）

另行裁剪的袋口布，以軋光斜紋棉布或裡布作為袋布。
由於從袋口可看見袋布，因此那一側的袋布便需接縫
表布（向布）。

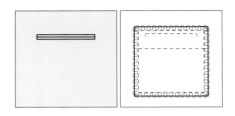

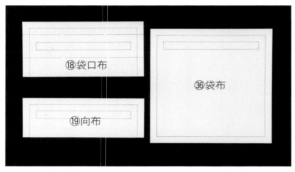

原寸紙型⑱＋⑲＋㊱
縫份為1公分。

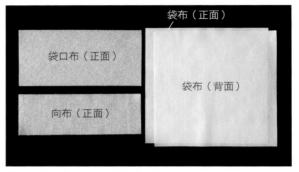

1 裁剪。袋口布與向布都使用表布。

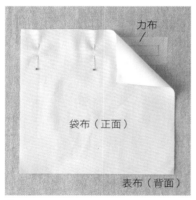

2 在表布的口袋口背面貼補強用的力
布，對準口袋口放上袋布，以珠針
固定。

3 袋口布與表布的口袋口正面相對疊
放，縫合口袋口的上下。

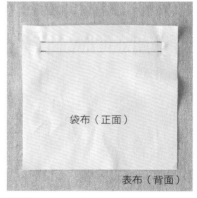

背面圖。

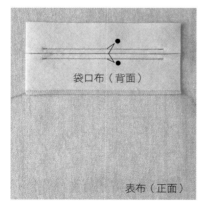

4 只剪袋口布的部分，沿口袋口中央
剪開後變為兩塊布。

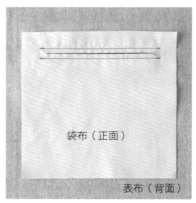

5 表布與袋布剪出Y字形牙口（參閱
P.52的步驟**7**）。

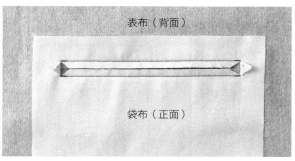

6　以熨斗好好整燙表布與袋布剪開的三角部分。

7　從牙口將上側的袋口布往裡面拉，燙開縫份。

燙開縫份。

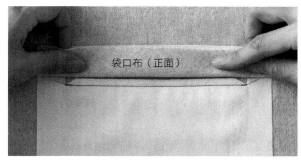

8　反摺袋口布後調整滾邊。

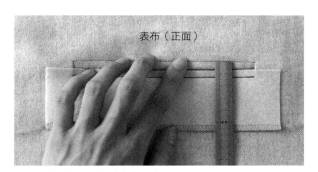

整理滾邊的大小，先以疏縫固定。

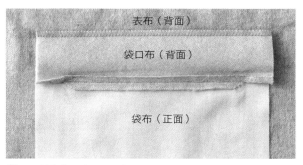

9　下側的袋口布往裡面拉，燙開縫份。

10　和上側一樣，反摺袋口布後調整滾邊。

11　在口袋口下側的車縫線上，從正面進行落機縫。

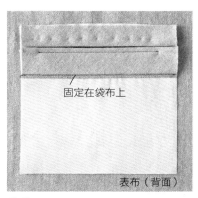

12　袋口布的下端車縫固定在袋布上。

向布（正面）

下端進行拷克或
Z字形車縫

袋布（正面）

13 向布疊放在另一片袋布上，以珠針固定。

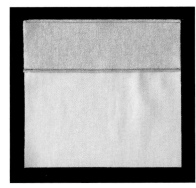

14 縫合向布的上下側。

（正面）

袋布（背面）

15 兩片袋布正面相對疊合後，以珠針固定。

16 縫合袋布上側的縫份。

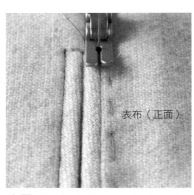

表布（正面）

17 從正面落機縫口袋口上側的車縫線，連同袋布一起縫合。

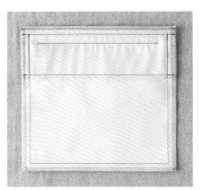

18 縫合袋布的周圍，縫份進行拷克或Z字形車縫。

19 捲起表布，將口袋口兩端連同袋布一起縫合。兩端進行3至4次的回針縫補強。

完成圖（正面）。

完成圖（背面）。

單滾邊口袋

開牙口後，只在開口單側作滾邊的口袋。

連裁袋口布（縫份倒向單側、有車縫線）

袋布與袋口布連裁，並製作滾邊。

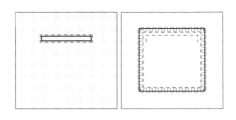

原寸紙型⑯＋㉑
縫份為1公分。

1 裁剪。由於內側袋布也連著袋口
布，所以兩片袋布都要以表布來製
作。

2 在表布口袋口裡面貼補強用的力
布。

3 內側袋布與表布口袋口正面相對疊
合，以珠針固定。

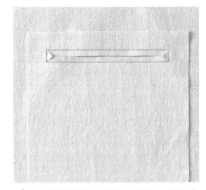

4 以細密的針目縫合口袋口，剪Y字
形牙口（參閱P.43・P.44）。

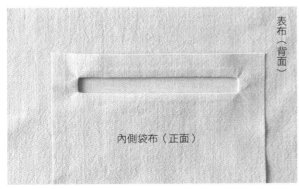

5 從牙口將袋布拉到表布背面，以熨斗整燙口袋口。

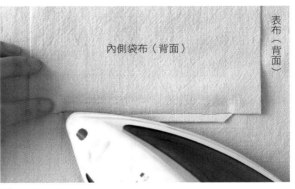

6 口袋上側的縫份倒向表布側。

7 反摺袋布後調整滾邊。

整理滾邊的大小。

8 疏縫固定上側的縫份，下側則從正面進行車縫。

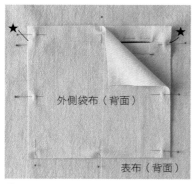

9 兩片袋布正面相對疊合，以珠針固定。★注意不要拉扯到已摺成滾邊的布端。

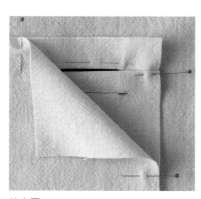

放大圖。

10 縫合袋布的周圍，縫份進行拷克或Z字形車縫。

11 從正面車縫口袋口上側與兩端，連同袋布一起縫合。兩端進行3至4次的回針縫補強。完成圖（正面）。

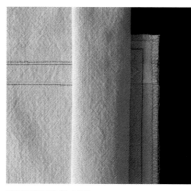

捲起表布的放大圖。

完成圖（背面）。

另行裁剪的袋口布（燙開縫份、無車縫線）

另行裁剪的袋口布，以軋光斜紋棉布或裡布作為袋布。
由於從袋口可看見袋布，因此那一側的袋布便需接縫
表布（向布）。

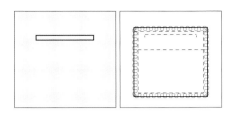

原寸紙型⑲＋㉒＋㊱
縫份為1公分。

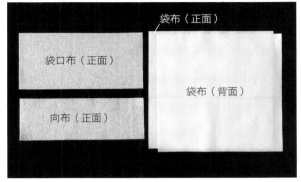

1 裁剪。袋口布與向布都使用表布。

2 在表布的口袋口背面貼補強用的力布。

3 對準口袋口放上袋布，以珠針固定。

4 以疏縫固定。

5 袋口布與表布的口袋口正面相對疊合，縫合口袋口的上下。

背面圖。

6 在口袋口中央插入剪刀，將袋口布剪成兩塊。

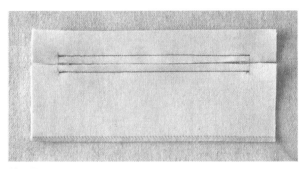

剪開圖。

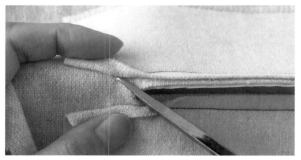

7 表布與袋布剪出Y字形牙口。

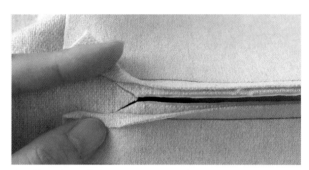

盡量剪開到貼近車縫線，小心不要剪到線。

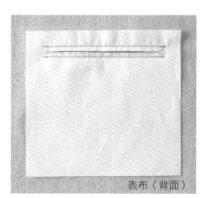

表布（背面）

背面圖。

8 以熨斗好好整燙表布與袋布剪開的
三角部分。

袋口布（正面）

表布（背面）

9 從牙口將上側的袋口布拉到表布背面。

表布（背面）

袋口布（正面）

10 往上反摺後以熨斗整燙。

11 下側的袋口布從裡面拉出。

12 燙開縫份。

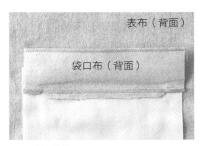

燙開縫份的樣子。

13 反摺袋口布後調整滾邊。

整理滾邊的大小。

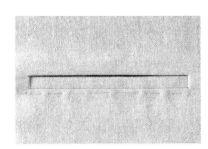

14 以疏縫固定。

15 在口袋口下側的車縫線上，從正面進行落機縫。

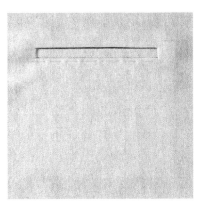

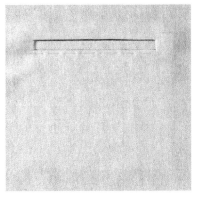

背面圖。

16 袋口布的下端車縫固定在袋布上。

17 向布疊放在另一片袋布上，以珠針固定。

18 縫合向布的上下端。

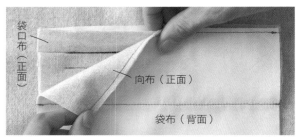

19 縫上向布的袋布與袋口布正面相對疊合。

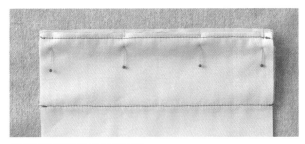

只有袋布與袋口布以珠針固定。

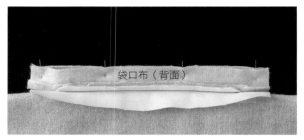

從袋口布看的樣子。

20 縫合袋布與袋口布上側的縫份。

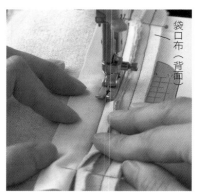

21 車縫口袋口上側的縫份，連同接縫向布的袋布一起縫合。

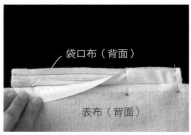

22 像要隱藏表布上的袋布縫份般，以珠針固定。

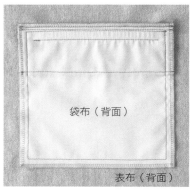

23 縫合袋布的周圍，縫份進行拷克或Z字形車縫。

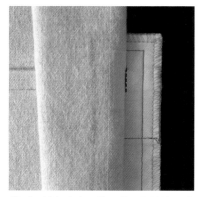

24 捲起表布，將口袋口兩端連同袋布一起縫合。兩端進行3至4次的回針縫補強。

完成圖（正面）。

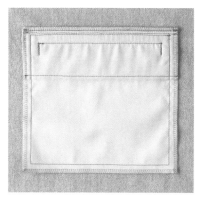

完成圖（背面）。

蓋式口袋

以滾邊處理袋蓋內側（下側）的口袋。

雙滾邊

在雙滾邊口袋上加裝袋蓋的口袋。

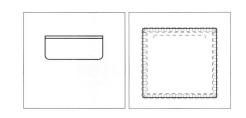

原寸紙型⑱＋⑳＋㊱
除了特別註明之外，縫份一律1公分。

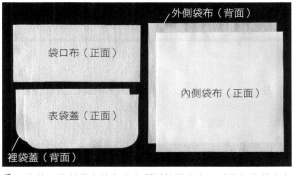

1 裁剪。外側袋布兼作向布所以使用表布。（另行裁剪向布參閱P.46）

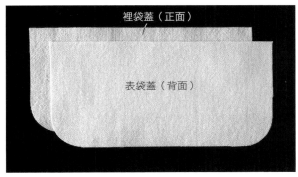

2 表袋蓋的背面貼黏著襯。

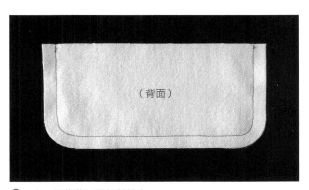

3 表、裡袋蓋正面相對縫合。

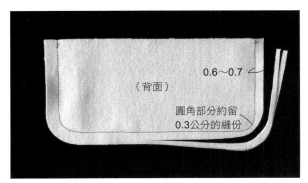

4 剪掉縫份，進行整理。

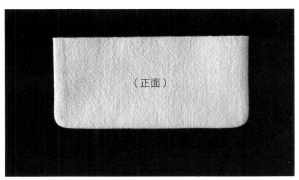

5 翻回正面，以熨斗整燙。

6 縫製雙滾邊口袋（參閱P.46、P.47）。

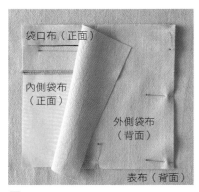

袋口布（正面）

內側袋布
（正面）

外側袋布
（背面）

表布（背面）

7 兩片袋布正面相對疊合，以珠針固定。

※

外側袋布
（背面）

表布（背面）

8 縫合袋布的周圍。※由於上側是在這之後加入袋蓋的縫份，所以要先固定布端再縫合。

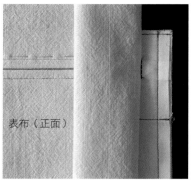

表布（正面）

9 捲起表布，將口袋口兩端連同袋布一起縫合。兩端進行3至4次的回針縫補強。

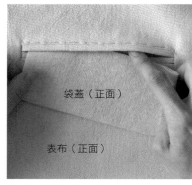

袋蓋（正面）

表布（正面）

10 袋蓋插入上側。

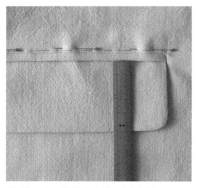

11 確認袋蓋寬度後，以珠針固定。

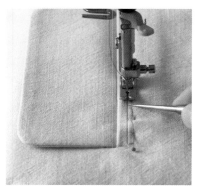

12 在口袋上側的車縫線上，從正面連同袋布一起進行落機縫，加裝袋蓋。

13 完成圖（正面）。

完成圖（背面）。

單滾邊

在單滾邊口袋上加裝袋蓋的口袋。

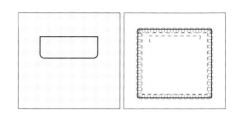

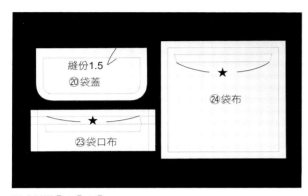

原寸紙型⑳＋㉓＋㉔
除了特別註明之外，縫份一律1公分。

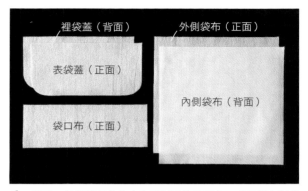

1 裁剪。外側袋布兼作向布所以要使用表布。（裁剪向布參閱P.46）。

2 製作袋蓋（參閱P.55的步驟**2**至**5**）。為避免車縫固定時的錯位，可先將縫份固定。

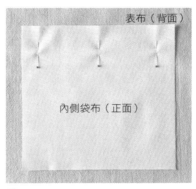

3 在表布的口袋口背面貼補強用的力布，以珠針固定內側袋布。（參閱P.51步驟**2**至**3**）。

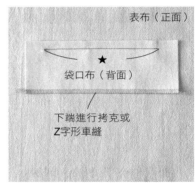

4 袋口布的★記號處與表布的口袋口下側正面相對疊合，進行縫合。

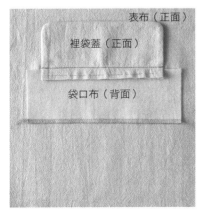

5 表袋蓋與表布的口袋口上側正面相對疊合後縫合。

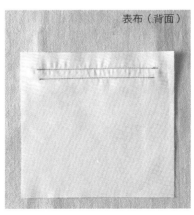

背面圖。接縫袋口布時，確認車縫線比袋蓋的車縫線稍短一點。

蓋式口袋

6 避開袋蓋與袋口布，在袋口的中央剪出Y字形牙口。

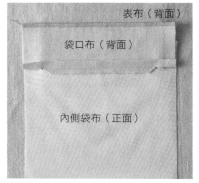

背面圖。

7 以熨斗好好整燙口袋口兩端的三角部分。

8 從牙口將袋口布拉到表布背面，燙開縫份。

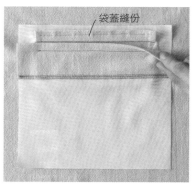

9 調整滾邊，袋口布下端從正面車縫，固定在袋布上（參閱P.53）。

10 袋蓋的縫份倒向上側。

11 袋布正面相對疊合，以珠針固定後車縫上側之外的邊緣。

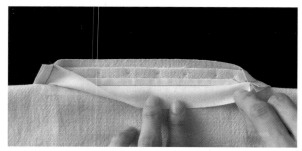
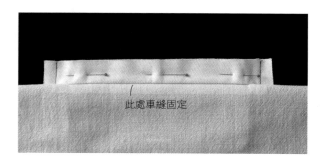

12 以珠針固定袋布上側，將袋蓋的縫份車縫固定在袋布上。

表布（背面）

外側袋布（背面）

背面圖。

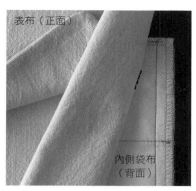

表布（正面）

內側袋布
（背面）

13 袋布的縫份進行拷克或Z字形車縫。捲起表布、拉起袋蓋後連同袋布一起車縫口袋口的兩端。兩端進行3至4次的回針縫補強。

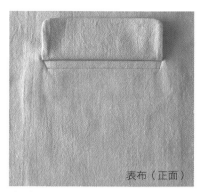

表布（正面）

14 隱藏在袋蓋下般地完成滾邊。

完成圖（正面）。

完成圖（背面）。

袋蓋的花紋設計

袋蓋的花紋對齊與否，會給人完全不同的印象。

花紋對齊，整體很諧調，就不會太過顯眼。

花紋不對齊，反而有種特別強調的設計感。

立式口袋

製作成橫帶狀的口袋。主要縫在夾克或外套上面，夾克上的通常是胸前口袋。

直立式袋口布＋回針縫

車縫直立式袋口布的兩側，再接縫在表布上。

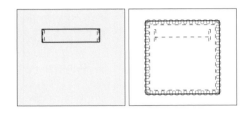

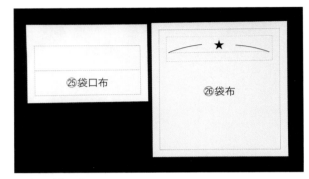

原寸紙型㉕＋㉖
縫份為1公分。

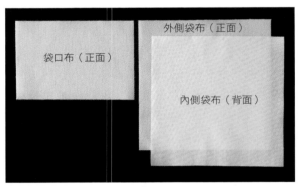

1 裁剪。內側袋布使用軋光斜紋棉布或裡布。

2 袋口布的背面貼黏著襯，內側邊緣進行拷克或Z字形車縫。

3 沿完成線正面相對對摺，縫合兩端。

4 翻回正面，以熨斗整燙。

力布

表布（背面）

5 在表布口袋口背面貼補強用的力布。

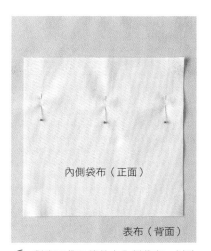

內側袋布（正面）

表布（背面）

6 對齊口袋口後放上內側袋布，以珠針固定，進行疏縫。

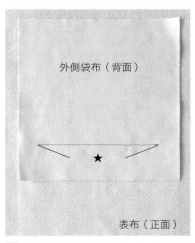

外側袋布（背面）

★

表布（正面）

7 外側袋布上下顛倒後，將★記號處與表布正面相對疊合後縫合。

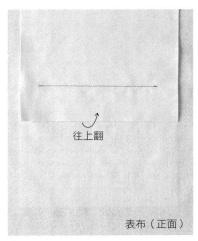

往上翻

表布（正面）

8 袋布往上翻。

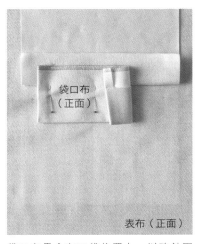

袋口布（正面）

表布（正面）

袋口布疊合在口袋位置上，以珠針固定。

縫合。

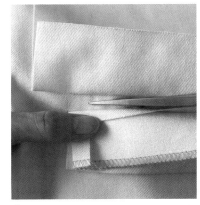

9 在袋布與袋口布車縫線的中央剪出Y字形牙口。

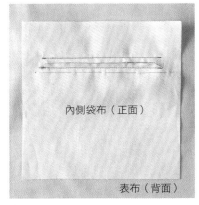

內側袋布（正面）

表布（背面）

背面圖。

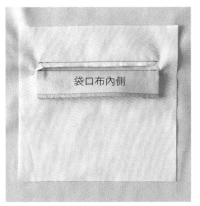

袋口布內側

10 袋口布內側部分從裡面拉出。

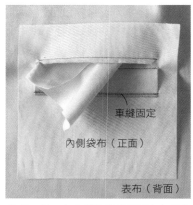

内側袋布（正面）

車縫固定

表布（背面）

11 袋口布內側邊緣車縫固定在袋布上，外側袋布從裡面拉出。

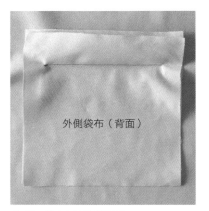

外側袋布（背面）

12 袋布正面相對疊合。

13 車縫袋布的周圍，縫份進行拷克或Z字形車縫。

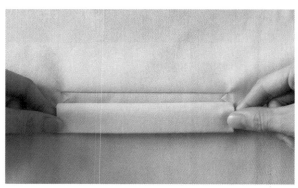

14 正面圖。口袋兩端、三角部分就這樣調整。

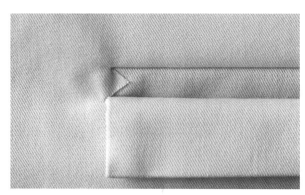

放大圖。三角部分是跟固定袋口布的車縫一起壓縫的。

15 將袋口布整理成完成的狀態，兩端連同袋布一起進行車縫。完成圖（正面）。

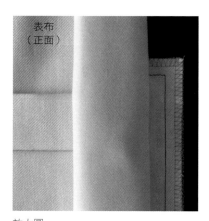

表布（正面）

放大圖。

完成圖（背面）。

直立式袋口布的縫紉法

◎一般車縫

不希望兩端的車縫線太明顯時，進行一般車縫。

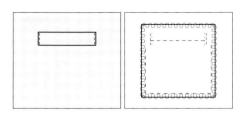

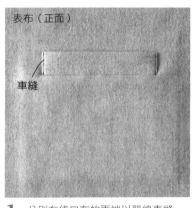

表布（正面）

車縫

1 分別在袋口布的兩端以單線車縫。

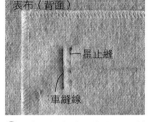

表布（背面）

星止縫

車縫線

2 由於怕車縫不夠牢固，所以從背面進行星止縫補強。

星止縫

背面

正面

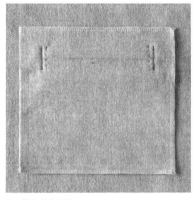

完成圖（背面）。

◎不車縫

不希望兩端有車縫線時，請以手繚縫縫合。

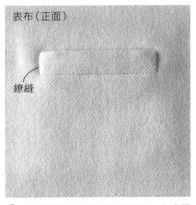

表布（正面）

繚縫

1 以繚縫縫合袋口布的兩端。完成圖（正面）。

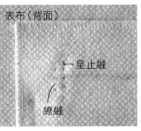

表布（背面）

星止縫

繚縫

2 由於只作繚縫不夠牢固，所以從背面進行星止縫補強。

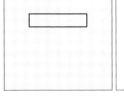

完成圖（背面）。

立式口袋

摺疊直立式袋口布

摺疊直立式袋口布的兩側，接縫在表布上。

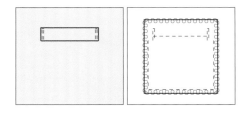

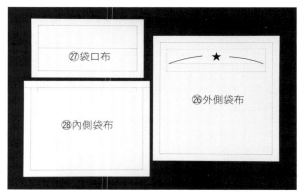

原寸紙型㉖＋㉗＋㉘
縫份為1公分。

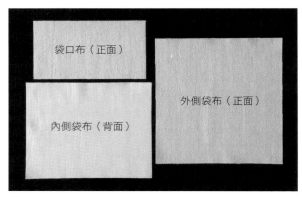

1 裁剪。內側袋布使用軋光斜紋棉布或裡布。

2 袋口布的背面貼黏著襯。

3 摺疊兩端的縫份。

4 摺成完成的狀態。這時在內側的兩端縫份，要摺疊調整到從正面看不出來的程度。

5 內側袋布與袋口布的內側邊緣接縫。

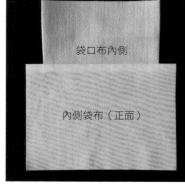

6 縫份倒向袋布側。

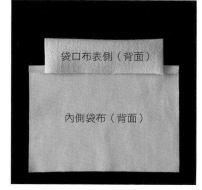

將袋口布摺成完成的狀態。

7 表布的口袋口背面貼補強用的力布。

力布

表布（背面）

8 外側袋布上下顛倒後，★記號處與表布正面相對疊合後縫合。

外側袋布（背面）

★

表布（正面）

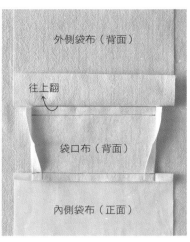

9 外側袋布往上翻，袋口布疊合在口袋位置上縫合。

外側袋布（背面）

往上翻

袋口布（背面）

內側袋布（正面）

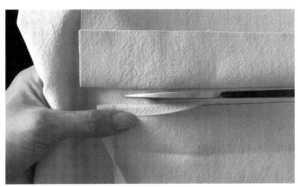

10 在袋布與袋口布車縫線的中央剪出Y字形開口。

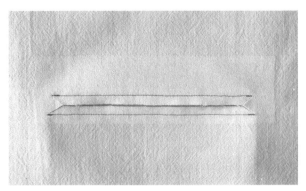

背面圖。

11 袋口布從裡面拉出。

表布（背面）

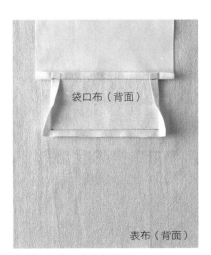

12 縫份倒向表布側。

袋口布（背面）

表布（背面）

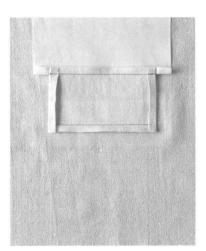

13 重新摺疊袋口布兩端的縫份。

立式口袋

●若使用厚布料，就要燙開縫份

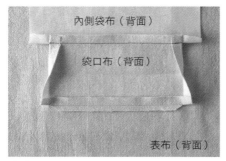

內側袋布（背面）

袋口布（背面）

表布（背面）

12 燙開縫份。

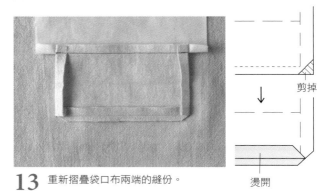

剪掉

↓

燙開

13 重新摺疊袋口布兩端的縫份。

內側袋布（正面）

表布（背面）

14 外側袋布從裡面拉出。

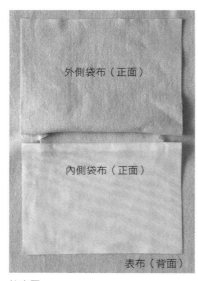

外側袋布（正面）

內側袋布（正面）

表布（背面）

拉出圖。

內側袋布（正面）

15 袋口布整理成完成的狀態，以珠
針固定。

內側袋布（背面）

翻捲內側袋布。

疊合袋口布的縫份後縫起來。

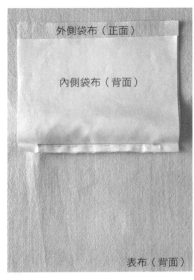

縫合圖。

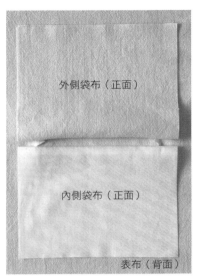

16 內側袋布恢復原來的樣子。

17 袋布正面相對疊合後車縫周圍，縫份進行拷克或Z字形車縫。

18 從袋口布內側看。口袋兩端、三角部分就這樣調整。

放大圖。三角部分是與固定袋口布的車縫一起壓縫的。

19 袋口布整理成完成的狀態，兩端連同袋布一起進行車縫。完成圖（正面）。

放大圖。

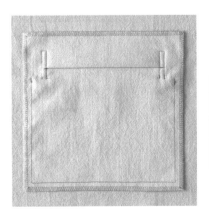

完成圖（背面）。

立式口袋

|斜的立式口袋

縫法與摺疊直立式袋口布（P.64）相同。
裁剪時注意布料的紋路，以免花紋的銜接不對稱。

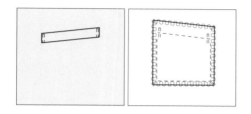

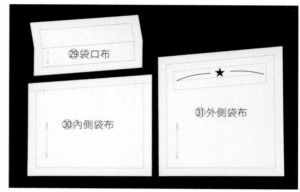

原寸紙型㉙＋㉚＋㉛
縫份為1公分（裁剪參閱P.64）。

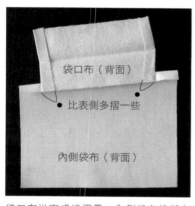

袋口布沿完成線摺疊，內側袋布接縫在
袋口布內側邊緣。

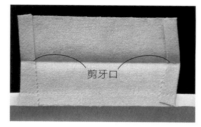

由於有角度，所以縫份要剪牙口。

之後步驟請參考摺疊直立式袋口布
（P.64至P.67）的作法。

完成圖（正面）。

完成圖（背面）。

側口袋

在衣服腰部、傾斜拼接的口袋。通常接縫在褲子或裙子上。

直線側口袋

在靠近腰圍的兩側邊線處進行拼接的口袋。

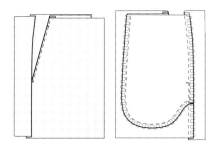

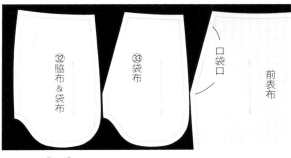

原寸紙型 ㉜＋㉝
縫份為1公分。

1 裁剪。脇布&袋布使用表布。袋布也可以使用軋光斜紋棉布或裡布。

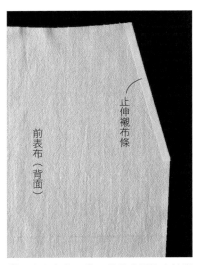

2 在表布的口袋口縫份背面貼止伸襯布條。

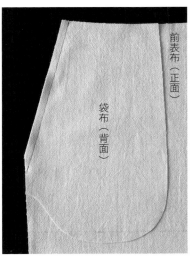

3 袋布正面相對疊合後縫合口袋口，距完成線0.1至0.2公分處縫合縫份側。

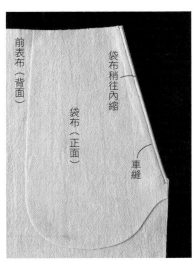

4 袋布翻向裡面，稍向內拉一點後以熨斗整燙，進行車縫。

立式口袋

側口袋

袋布（正面）

脇布&袋布（背面）

5 脇布正面相對疊合在袋布上，以珠針固定。

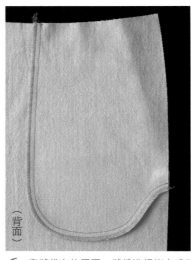

（背面）

6 車縫袋布的周圍，縫份進行拷克或Z字形車縫。

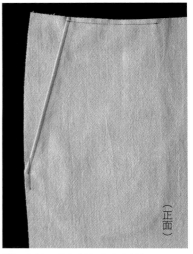

（正面）

7 車縫固定上側與脇邊的縫份。

與脇邊縫合。在口袋口的兩端進行補強性車縫。車縫範圍內進行3至4次的回針縫。

曲線側口袋

也稱為西式口袋。
比起直線側口袋，少了口袋口的浮凸感，感覺更俐落。

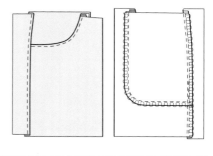

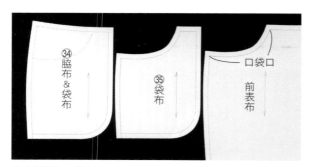

㉞ 脇布&袋布

㉟ 袋布

口袋口

前表布

原寸紙型㉞＋㉟
縫份為1公分。

脇布&袋布（正面）

袋布（背面）

前表布（正面）

1 裁剪。脇布&袋布使用表布。由於袋布要進行曲線的回針縫，所以適用軋光斜紋棉布等較薄的布料。

2 在前褲片口袋口的縫份背面貼止伸襯布條。

（圖中文字）
止伸襯布條
前表布（背面）

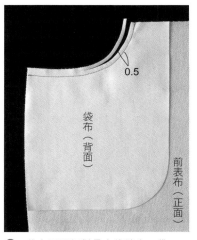

3 袋布正面相對疊合後縫合口袋口，距完成線0.1至0.2公分處縫合縫份側。縫份修剪成0.5公分左右。

（圖中文字）
0.5
袋布（背面）
前表布（正面）

4 袋布翻向裡面，稍往內縮後以熨斗整燙，進行車縫。

（圖中文字）
車縫
袋布稍往內縮
袋布（正面）
前表布（背面）

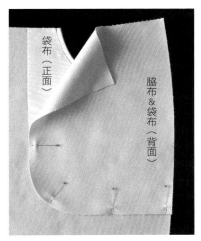

5 脇布正面相對疊合在袋布上，以珠針固定。

（圖中文字）
袋布（正面）
脇布＆袋布（背面）

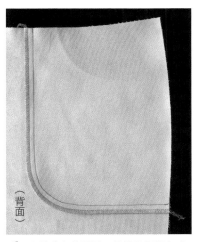

6 車縫袋布的周圍，縫份進行拷克或Z字形車縫。

（圖中文字）
（背面）

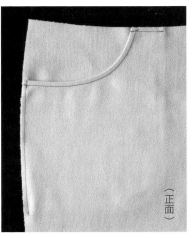

7 車縫固定上側與脇邊的縫份。

（圖中文字）
（正面）

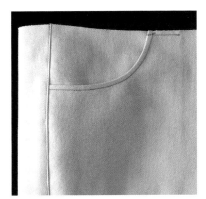

與脇邊縫合的樣子。縫份倒向後側後進行車縫，也兼具補強作用。

Sewing 縫紉家 03

手作服基礎班
口袋製作基礎book（暢銷版）

作　　者／水野佳子
譯　　者／夏淑怡
發 行 人／詹慶和
總 編 輯／蔡麗玲
執行編輯／陳姿伶
編　　輯／蔡毓玲・劉蕙寧・黃璟安・李佳穎・李宛真
執行美編／陳麗娜
美術編輯／韓欣恬・周盈汝
內頁排版／造　極
出 版 者／雅書堂文化事業有限公司
發 行 者／雅書堂文化事業有限公司
郵撥帳號／18225950　戶名：雅書堂文化事業有限公司
地　　址／新北市板橋區板新路206號3樓
電　　話／(02)8952-4078
傳　　真／(02)8952-4084
網　　址／www.elegantbooks.com.tw
電子郵件／elegant.books@msa.hinet.net

2017年05月二版一刷 定價／320元

POCKET NO KISO NO KISO
Copyright © Yoshiko Mizuno 2011
All rights reserved.
Original Japanese edition published in Japan by EDUCATIONAL FOUNDATION BUNKA
GAKUEN BUNKA PUBLISHING BUREAU
Chinese (in complex character) translation rights arranged with EDUCATIONAL
FOUNDATION BUNKA GAKUEN BUNKA PUBLISHING BUREAU
through KEIO CULTURAL ENTERPRISE CO., LTD.

總經銷／朝日文化事業有限公司
進退貨地址／新北市中和區橋安街15巷1號7樓
電話／（02）2249-7714
傳真／（02）2249-8715

國家圖書館出版品預行編目(CIP)資料

手作服基礎班：口袋製作基礎book / 水野佳子著；
夏淑怡譯.
-- 二版. -- 新北市：雅書堂文化, 2017.05
　面；　公分. -- (SEWING縫紉家；3)
ISBN 978-986-302-369-2(平裝)

1.縫紉 2.衣飾 3.手工藝

426.3　　　　　　　　　　　　106005883

水野佳子（Yoshiko Mizuno）

裁縫設計師。
1971年出生，文化服裝學院服裝設計科畢業。
在服裝設計公司擔任企劃工作後，成為獨立設計師。
曾在雜誌上發表設計、縫製、紙型製作等解說文章，
在裁縫界深受好評。
此外，在服飾製作領域，
水野佳子也以「縫製」為主軸而活躍著，
每天過著忙碌而充實的生活。

發行人	大沼淳
書籍設計	岡本とも子
攝影	藤本毅
校閱	向井雅子
編輯	平山伸子（文化出版局）

參考書籍
《ファッション辞典》（文化出版局）
《新・田中千代服飾事典》（同文書院）

手 作 服 基 礎 班

手 作 服 基 礎 班

手 作 服 基 礎 班

手 作 服 基 礎 班